SUR|FACE

DAS EISENBAHNMUSEUM DARMSTADT-KRANICHSTEIN. Arbeitsvorrat für die nächsten tausend Jahre. Das Museum im ehemaligen Bahnbetriebswerk Darmstadt-Kranichstein ist eines der ältesten in Deutschland und gilt als das größte zusammenhängende Industrie- und Verkehrsdenkmal zur Eisenbahngeschichte. Das Bahnbetriebswerk wurde 1898 von den Vereinigten Preußischen und Hessischen Staatseisenbahnen eingeweiht und nach Vermietung des Geländes von der Deutschen Bundesbahn an den Trägerverein Museumsbahn e. V. als Eisenbahnmuseum am 29. Mai 1976 eröffnet. Mit seiner Vielzahl an Sammlungen aus dem Eisenbahnwesen (Lokomotiven, Waggons, Signal- und Stellwerktechnik, Fahrkartendruck) ist das Eisenbahnmuseum Darmstadt-Kranichstein auch Teil der „Route der Industriekultur Rhein-Main".

Es wird von einem Kreis von Enthusiasten ehrenamtlich betrieben und stetig ausgebaut. Inzwischen zählen 250 Triebfahrzeuge und Waggons zum Bestand. Ziel ist, sie im Betrieb zeigen zu können. Dies geschieht bei den „Dampf-" und den „Bahnwelttagen" im Museum sowie bei ähnlichen Veranstaltungen in ganz Deutschland. Diese werden von der Deutschen Museums-Eisenbahn GmbH (DME) betrieben, die auch die Fahrzeuge der Dampf-Plus GmbH in Kranichstein eingestellt hat. Seit 1985 gibt es zudem den MoBaTrain (Mobiler-Bahnwelt-Zug), der bundesweit für Eisenbahnveranstaltungen zu Demonstrations- und Bildungszwecken anhand von Modellbahn-Schauanlagen zur Verfügung steht. Eine weitere H0-Modellbahnanlage zeigt den Bahnhof Darmstadt zur Zeit der Eröffnung der damaligen Main-Neckar-Bahn, 1846.

Der Darmstädter Fotograf Christoph Rau hat das Museum, die Menschen, die es beleben und betreiben, und all die großen und kleinen Zeugnisse der Eisenbahngeschichte einfühlsam dokumentiert. Die Eisenbahnfotografie ist fast so alt wie die Eisenbahn selbst – und die feiert in Deutschland heuer ihren 175. Geburtstag. Anfangs wurden Züge ausschließlich von den Herstellern fotografiert – zur Dokumentation und Werbung. Erst um 1900 erweiterten sich Motive und Motivation: Züge in der Landschaft, Menschen im Bahnhof. Nach dem ersten Weltkrieg wurde an der Technischen Hochschule Darmstadt das berühmte „Deutsche Lokbildarchiv“ aufgebaut – fotografiebegeisterte Studenten wie Hermann Maey, Carl Bellingrodt und Werner Hubert waren die Gründer dieser Sammlung, die in den späten dreißiger Jahren allerdings nach Berlin abwanderte.

Der 175. Jahrestag der ersten deutschen Eisenbahnreise ist Anlass, dass nun in Darmstadt erneut eine die Eisenbahn abbildende Fotosammlung entsteht. Ihr Urheber: Christoph Rau. Doch was Rau macht, hat weder mit dem stets auf Vollständigkeit zielenden Ehrgeiz der frühen Eisenbahnberufsfotografen zu tun, noch mit dem nostalgischen Lyrismus der heutigen ferrophilen Fans. Rau verwandelt Gegenstände und ihre Oberflächen in Bilder – nicht selten so abstrahiert, dass sie sich ganz aus ihrer Umwelt lösen. Eine literarische Methode, denn wenn Dinge fremd erscheinen, erzählen sie eine neue, eine andere Geschichte als die gewohnte. Auch Menschen treten so vom Rand ins Zentrum.

Es gibt keine Tabus – Geschichten können eben auch Waggonruinen erzählen, die andere für Schrott halten, die von den Museumsbahnern jedoch als „unser Arbeitsvorrat für die nächsten tausend Jahre“ bezeichnet werden. Industriehistoriker denken eben langfristig. Raus Bilder mögen wohl manchen Eisenbahnfan irritieren. Viele aber werden erfreut das Gefühl haben, als sähen sie die Objekte ihrer Begierde das erste Mal. In gewissem Sinn hält Rau ein besonderes Stadium der Vergänglichkeit fest – je mehr es den Museumsbahnern gelingt, ihren Arbeitsvorrat zu reduzieren, desto weniger werden die Exponate den Objekten auf Raus Bildern gleichen. **Klaus Honold**

www.bahnwelt.de, www.museumsbahn.de

EDITION DARMSTADT. Band 2

EISENBAHNMUSEUM
DARMSTADT KRANICHSTEIN

175 Jahre Deutsche Eisenbahnen

Fotos **Christoph Rau**

Herausgeber
Eisenbahnmuseum Darmstadt-Kranichstein, www.bahnwelt.de
Redaktion
Gerd Ohlhauser und Christoph Rau, Darmstadt
unterstützt von Wolfgang Löckel, Ladenburg und Volker Jenderny, Mainz
Fotos
Christoph Rau, www.christoph-rau.de
Bildkomposition
Gerd Ohlhauser, www.surface-book.de
Bildbearbeitung
Lasertype GmbH, Darmstadt, www.lasertype24.de
Gestaltung, Layout und Satz
Nikola Schulz, Anke Meenenga, Hausgrafik, Darmstadt, www.hausgrafik.de
Umschlag
Gerd Ohlhauser/cg kommunikationsdesign, Darmstadt
Lektorat
Sabine Sukowski, Darmstadt
Gesamtherstellung
Frotscher Druck GmbH, Darmstadt, www.frotscher-druck.de
Printed in Germany
ISBN 978-3-939855-17-0

Mitherausgeber

René Antonoff | Dr. Ariane Bentner | Hanno Benz | Bertheide + Helmut Böhme | Christian Blümel | Hanno Durth (Kanzlei Kipper + Durth) | Ulli Emig | Reiner Engel | Vera Fles-Schönegge | Wolfgang Frotscher (Frotscher Druck) | Hans-Peter Gompf | Annette Graumann | Rosel Grassmann (Wilderness BodyPainting) | Marianne Henry-Perret + Klaus Rohmig (Restaurant Belleville/Jagdhofkeller) | Volker Hilarius | Ives Humeau | Tommy Igiel | Klaus Janek | Petra + Alexander Kaffenberger | Dr. Bernd Kretschmann | Dr. Ingeborg + Dr. Hans Joachim Landzettel | Holger Lentzen (Focus-Immobilien) | Lutz Lehning (Lindenmayer + Lehning) | Werner Mansholt | Sybille Markgraf | Hannes Metz | Sabine Nothhaft (Gaststätte Gebhart) | Dr. Peter Noller | Uwe Petry (Büro VAR) | Gabriele Rau | Renate + Hans Jürgen Rau | Martin Rau (Fahrradstation Darmstadt) | Bastian Ripper | Ute Ritschel | Carla + Dr. Hans-Rolf Ropertz | Michael Schaefer | Hildegard Schmidt + Elke Wolf | Karl Richard Schütz | Marco Single | Andreas Storm | Kirsten Uttendorf | Dr. Thomas Vogel | Susanne Wagner | Sabine Welsch (Heimatverein Darmstädter Heiner) | Klaus Wiedenroth | Werner Worm (Kulturnachrichten) | Ilonka + Wolf-Dieter Zorn | Brigitte Zypries und zwei Ungenannte.

Angesichts des Elends öffentlicher Kulturförderung (FAZ: „Kultur ohne Geld") organisiert Surface Book mit der EDITION DARMSTADT Kulturförderung von unten. Jeweils etwa 300-seitige Flipbooks im Format 14,3 x 12 cm über ebenso bekannte wie bislang übersehene Darmstädter Kulturgüter sollen deren Wahrnehmung und Nachfrage stärken und so die kulturelle Vielfalt, den Erlebniswert, die Attraktivität und die Bekanntheit unserer Stadt fördern. Auch Sie können das Projekt unterstützen und Mitherausgeber werden, indem Sie die EDITION DARMSTADT abonnieren. *(mehr auf Seite 306/307)*

www.surface-book.de

EINDRUCKSVOLLE DOKUMENTATION LEBENDIGER EISENBAHNGESCHICHTE. 175 Jahre Deutsche Eisenbahnen sind eine lange Zeit. Dem Eisenbahnmuseum Darmstadt-Kranichstein gelingt es jedoch wie keinem anderen Museum, diese historische Entwicklungsgeschichte anschaulich zu dokumentieren. Im Jubiläumsjahr gilt es deshalb nicht nur, den Technikern und Wissenschaftlern zu einer einzigartigen Ingenieurleistung zu gratulieren, die in den vergangenen Jahrzehnten immer wieder neuen technischen Forschritt ermöglicht hat. Besonders herauszustellen ist auch das weltweite Alleinstellungsmerkmal, das sich das Eisenbahnmuseum Darmstadt-Kranichstein bei der Präsentation dieser geschichtlichen Entwicklung erarbeitet hat.

Als sich 1835 die erste deutsche Dampflok von Nürnberg auf den Weg nach Fürth machte, hatten viele Menschen Angst. Doch die Skepsis hielt nicht lange an, denn schnell wurde allen klar, dass mit dieser Fahrt des „Adlers" eine neue Ära anbrach. Die Ankunft der Eisenbahn in Fürth war nicht nur dort ein Großereignis. Sie stand stellvertretend für den Aufbruch in das Zeitalter der Industrialisierung, welches seinen rasanten Lauf in Deutschland begann. Sie stand in der damaligen Zeit für einen tiefgreifenden Wandel und auch für technischen Fortschritt des sozialen und wirtschaftlichen Lebens. Man war mit dem zukunftsweisenden Transportmittel plötzlich mobil wie nie zuvor. Hessen verfügt mit über 400 Museen und musealen Einrichtungen unterschiedlichen Zuschnitts über eine facettenreiche Museumslandschaft. Unter diesen hessischen Museen nimmt das Eisenbahnmuseum Darmstadt-Kranichstein eine herausragende Stellung ein. Das 1976 gegründete Museum ist das erste deutsche Eisenbahnmuseum und zudem weltweit das größte zusammenhängende Industrie- und Verkehrsdenkmal zur Eisenbahngeschich-

te. Mit seiner Vielzahl an Sammlungen aus dem Eisenbahnwesen ist das Eisenbahnmuseum Darmstadt-Kranichstein Teil der „Route der Industriekultur Rhein-Main", die Denkmäler der Industriegeschichte im Rhein-Main-Gebiet erschließt. Einrichtungen wie das Eisenbahnmuseum Darmstadt-Kranichstein führen deutlich vor Augen, welcher technische Fortschritt in den vergangenen 175 Jahren stattgefunden hat, aber auch welch tiefgreifender Wandlungsprozess sich in unserer schnelllebigen Zeit gerade am Beispiel der Eisenbahn vollzogen hat.
Auch im Bereich der kulturellen Bildung von Kindern und Jugendlichen hat das Museum eine besondere Stellung mit hohem pädagogischem Wert, denn hier wird Technikgeschichte besonders realistisch und greifbar. Besonders hervorzuheben ist darüber hinaus das Angebot an benachteiligte Jugendliche mehrerer sozialer Einrichtungen im Rahmen der Berufsausbildung, das die Anwendung historischer Arbeitstechniken sowie Teamgeist und eine Identifikation mit der Bahnwelt vermittelt. Dieses Wissen und eine solche Erfahrung sind für heutige Generationen in dieser Art noch erlebbar. Gerade deshalb ist es wichtig, die technischen Innovationen vorheriger Generationen in Industriedenkmalen wie dem Eisenbahnmuseum Darmstadt-Kranichstein anschaulich zu bewahren.
All denjenigen, die dies insbesondere mit ihrem ehrenamtlichen Engagement möglich machen, gilt es ganz besonders Danke zu sagen. Auch dafür, dass sie mit dem vorliegenden Fotobuch eine eindrucksvolle Zeitreise in 175 Jahre Deutsche Eisenbahnen möglich gemacht haben. Dem Eisenbahnmuseum Darmstadt-Kranichstein wünsche ich eine erfolgreiche Zukunft.

Ihre Eva Kühne-Hörmann

Eva Kühne-Hörmann, Hessische Ministerin für Wissenschaft und Kunst

DENKMAL DER INDUSTRIE- UND VERKEHRSGESCHICHTE. Wer an Denkmäler denkt, hat vielleicht Standbilder, Schlösser, Burgen, Kirchen, herausragende Bürgerhäuser oder Rathäuser vor Augen, doch übersehen viele Menschen, dass auch Parks und Gärten, Industrieanlagen, technische Denkmale, Brücken und Schiffe als erhaltenswert für die Zukunft unter Schutz gestellt werden. Zu diesen leicht übersehenen Zeugnissen der Vergangenheit gehören auch Zeugnisse der Verkehrsgeschichte. Die Eisenbahn, die im 19. Jahrhundert neue Verbindungs- und Transportwege erschloss, veränderte zunächst das Aussehen Europas und schließlich der ganzen Welt. Sie war ein erster Schritt zur Globalisierung. Der Handel und Warenaustausch zwischen verschiedenen Kulturen wurde erleichtert, die Zeitspannen zu neuen Begegnungen

und Erfahrungen rapide verkürzt, die industrielle Revolution forciert und neue technische Entwicklungen, etwa beim Brücken- und Tunnelbau, nachhaltig vorangetrieben.

Die Deutsche Stiftung Denkmalschutz hat sich seit ihrer Gründung vor 25 Jahren auch in diesem Bereich bemüht, einen Beitrag zur Erhaltung wertvoller Kulturzeugnisse zu leisten. In Joachimsthal hat sie beispielsweise zur Instandsetzung des Kaiserbahnhofs, in Bremerhaven zur Sanierung der Maschinenhäuser der Nordschleuse, deren Kanal von einer Drehbrücke für den Eisenbahnverkehr überspannt war, beigetragen. In Mülheim an der Ruhr drohte das Eisenbahnausbesserungswerk von 1874 zu verschwinden. Die aus hölzernen Bindern bestehende mächtige Stütz- und Dachkonstruktion der Halle II steht auf zwei Reihen gusseiserner Stützen, eine besondere architektonische Leistung. Die Eisenbahnfreunde Mülheim retteten das Bauwerk und wollen die alte Dreherei künftig als Haus der Vereine nutzen. Vor zwei Jahren konnte die Stiftung die Gesamtinstandsetzung der letzten verbliebenen Originaldampflok der

Brohltalbahn, der Mallet-Dampflokomotive 11sm, unterstützen. Schon früh förderte sie die museal genutzte Wutachtalbahn. Die strategisch geplante Bahn zwischen Blumberg-Zollhaus und Weizen mit einer Länge von 26 Kilometern musste in dem geologisch und topographisch schwierigen Gelände eine Höhendifferenz von 230 Metern überwinden. Dazu wurden zahlreiche Ingenieurbauten, fünf große und 40 weitere Brücken, Unter- und Überführungen, insgesamt 70 gewölbte und offene Durchlässe gebaut. Drei der sechs Tunnelanlagen sind Sporntunnel, die – um schwerste Geschütze transportieren zu können – eine gleichmäßig geringe Steigung von 10 Promille aufweisen. Das imposanteste Bauwerk dort ist Deutschlands einziger Kreiskehrtunnel, der der Strecke den Namen „Sauschwänzlebahn“ eingebracht hat.

In Hessen hat die Stiftung seit 1985 rund 100 Denkmale der verschiedensten Gattungen unterstützt. Insgesamt hat sie über 430 Millionen Euro aus privaten Spenden und Mitteln der GlücksSpirale, der Rentenlotterie von Lotto, zum Erhalt von Denkmalen in den 16 Bundesländern zur Verfügung stellen können. Ohne das Interesse und die Aufmerksamkeit der Öffentlichkeit am einzelnen Denkmal bleibt jedoch alles Bemühen um unsere Kulturlandschaft „vergeb’ne Liebesmüh“. Gerade Eisenbahnen sind Hingucker. Der Fotoband des Eisenbahnmuseums Darmstadt-Kranichstein zum 175. Geburtstag der Eisenbahn in Deutschland kann dazu beitragen, den Blick auf die Kulturleistungen unseres Landes zu richten. Ohne Vergangenheit ist die Gegenwart nicht zu verstehen und die Zukunft nicht zu meistern. Deswegen wünsche ich dem Buch allerorts eine gute Aufnahme.

Gottfried Kiesow

Professor Dr. Gottfried Kiesow, Deutsche Stiftung Denkmalschutz

BAHNWELT DARMSTADT-KRANICHSTEIN. Konzeption des Industrie- und Verkehrsdenkmals Rangierbahnhof Darmstadt-Kranichstein. Im August 2001 legte die Deutsche Bahn AG den Rangierbahnhof Darmstadt-Kranichstein wegen des Rückgangs im Schienengüterverkehr still. Diese Entwicklung eröffnet der Industriedenkmalpflege im Bereich der Eisenbahn eine ungeahnte Chance. Den Erhalt eines kompletten Rangierbahnhofs als historische Eisenbahnanlage gibt es bisher noch nicht. Besucher könnten hier komprimierte Eisenbahntechnikgeschichte in ihrer ursprünglichen Landschaft erleben, sich das Industriedenkmal „Eisenbahngesamtanlage Rangierbahnhof Kranichstein“ als kulturgeschichtliches Ereignis erschließen. Der Konzeption eines musealen Rangierbahnhofs in Kranichstein gingen drei weitere Konzeptionen voraus, die alle den Anspruch erheben, das ungeheure Potential zu nutzen, das der Standort Darmstadt-Kranichstein im Hinblick auf die Präsentation komplexer, lebendiger Eisenbahngeschichte bietet.

Konzeption 1. LEBENDIGES EISENBAHNMUSEUM. Das Eisenbahnmuseum Darmstadt-Kranichstein wurde am 29. Mai 1976 eröffnet. Damalige Zielsetzung war die Unterbringung und Präsentation der Sammlung historischer Eisenbahnfahrzeuge des 1970 gegründeten Trägervereins. Von Anfang an war ein „lebendiges Museum“ geplant, die Exponate sollten in Betrieb gehalten werden. Als Standortwahl wurde bewusst das ehemalige Bahnbetriebswerk Kranichstein gewählt, da sich dort die notwendige Werkstattausrüstung für die betriebsfähige Unterhaltung der Fahrzeuge aufbauen ließ. In den siebziger Jahren entwickelte sich in Deutschland ein Bewusstsein für die Erhaltung technischer Anlagen als Kulturdenkmale der Industriegeschichte. Das Eisenbahnmuseum Kranichstein machte es sich zur Aufgabe, über

Eisenbahnmuseum Darmstadt-Kranichstein, Luftbild von Nikolaus Heiss

die reine Sammlung und Betrachtung der Exponate hinaus, eine ganzheitliche Betrachtung des Umfelds Eisenbahn anzubieten. Hierzu gehörte in erster Linie, die Räumlichkeiten und Anlagen des Standorts Bahnbetriebswerk Kranichstein als Ensemble eines Industriedenkmals zu begreifen und deren Erhalt anzustreben. In der Folgezeit hat das Museum konsequent und beharrlich alle Gebäude und Anlagen in das Eisenbahnmuseum aufgenommen, von denen sich die Deutsche Bundesbahn nach und nach zurückzog. So konnte auch der Bereich der Wagenunterhaltungsgruppe mit der Schnellausbesserungshalle dem Museum angegliedert werden. Hinzu kam die Erkenntnis, dass der Betrieb eines Dampfzugs auf einer modernen Bahnstrecke mit ihren elektrischen Oberleitungen, Lichtsignalen und S-Bahnsteigen einer ganzheitlichen Darstellung historischer Eisenbahn zuwiderläuft. Eine solche Darstellung setzt die Vorhaltung einer Museumsstrecke voraus, auf der die alte Technik der Telegrafenleitungen, Kurbelschranken, Läutewerke und Formsignale erhalten werden kann. Und so bemühte sich das Museum um die Übernahme und Erhaltung der stillzulegenden Eisenbahnstrecke Darmstadt Ost – Groß Zimmern, was ja bekannterweise durch die Unterstützung der Stadt Darmstadt bis zum heutigen Endpunkt „Bessunger Forsthaus“ gelang, wogegen die Reststrecke wegen der ablehnenden Haltung von Roßdorf und Groß-Zimmern abgebaut wurde.

Konzeption 2. INDUSTRIEDENKMAL BETRIEBSWERK KRANICHSTEIN. Im Jahre 1991 kam eine neue Konzeption des Eisenbahnmuseums Darmstadt-Kranichstein auf den Tisch. Ziel war der Erhalt der vollständigen Anlage Bahnbetriebswerk Kranichstein (Gründung 1898) als Industriedenkmal. Neben der Ausstellung der Fahrzeugsammlung sollten auch die Werkstätten zur betriebsfähigen Unterhaltung der historischen Fahrzeuge so präsentiert werden, dass

1. Dampflokfest Oktober 1975

023 042-5
184
98 727

die Besucher des Museums einen Einblick in die Arbeitsabläufe und Arbeitsbedingungen der Dampflokzeit bekommen konnten.

Zur Trennung des historischen Fahrzeugverkehrs von den Werkstätten war die Einrichtung eines „Lokalbahnhofs" auf dem gegenüberliegenden Geländestreifen an der Parkstraße vorgesehen. Dorthin sollte auch der Empfangsbereich des Museums verlegt werden, und zwar in das als Bahnhofsgebäude ausgestaltete Haus Eckhardswiesenweg 2, das die Stadt Darmstadt zwischenzeitlich hierfür erworben hatte. Von hier aus sollten die Museumszüge ihre Fahrt auf der museumseigenen Strecke zum Bessunger Forsthaus beginnen und ihren Weg dabei über die stillgelegte Verbindungskurve zum Ostbahnhof nehmen. Derzeit lassen sich Fahrten auf der Museumsstrecke nur zu besonderen Anlässen anbieten, da der Weg über Darmstadts Hauptbahnhof so umständlich ist, dass für eine Fahrt mit Rückfahrt knapp drei Stunden benötigt werden, was für einen Museumsbesuch zu lange dauert. Über die Verbindungskurve könnten die Fahrten im Ein-Stunden-Takt stattfinden. Als Klammer zwischen den beiden Museumsteilen war der Fußgängersteg aus dem Jahre 1903 vom Bahnsteig zum Bahnbetriebswerk gedacht, der von der Deutschen Bundesbahn seinerzeit abgebaut worden war. Das Museum hat den Steg übernommen, eingelagert und einen Gestattungsvertrag mit der Bahn abgeschlossen, der vorsieht, dass dieser Steg durch das Museum erst dann wieder errichtet werden darf, wenn die Fundamente um einen halben Meter angehoben wurden, damit die elektrische Fahrleitung nicht mehr am Steg aufgehängt werden muss.

Konzeption 3. DIE DAMPFSTRASSENBAHN „FEURIGER ELIAS". 1997 war das Jahr des Hundertjährigen Straßenbahnjubiläums. Zu diesem Anlass regte das Eisenbahnmuseum die Wiederinbetriebnahme des „Feurigen Elias" an, der als Vorläufer der Straßenbahn im Vorortverkehr zwischen Griesheim, Eberstadt und Arheilgen lange Zeit verkehrte. Fahrten mit dem

„Feurigen Elias" wurden in Darmstadt zum Publikumserfolg und zur dauernden Einrichtung, veranstaltet unter dem Dach des Eisenbahnmuseums. Aus dem Betrieb des „Feurigen Elias" erwuchs seitens des Eisenbahnmuseums der Wunsch, auch die historischen HEAG Fahrzeuge im Museum Kranichstein zu sammeln und präsentieren. Das Eisenbahnmuseum Darmstadt-Kranichstein hatte sich bisher ausschließlich auf die deutsche Eisenbahngeschichte konzentriert. Auch räumlich wäre die Unterbringung der Darmstädter Straßenbahnsammlung nicht möglich gewesen. Erst der Bau der neuen Straßenbahnlinie 5 nach Kranichstein eröffnete Perspektiven einer Einbindung auch des Darmstädter Nahverkehrs in das Eisenbahnmuseum. Da die Endschleife der Straßenbahn direkt neben dem Geländestreifen angelegt wurde, der für den Museumslokalbahnhof vorgesehen ist, kann dort eine Wagenhalle für historische Straßenbahnen errichtet werden, die mit einem Verbindungsgleis zur Endschleife an das Straßenbahnnetz angebunden wird. Damit besteht die Möglichkeit, die Dampfstraßenbahnfahrten direkt aus dem Museum heraus zu veranstalten. Im dritten Museumskonzept war also die Sammlung, Bewahrung, Präsentation und Erforschung des Darmstädter Nahverkehrs vorgesehen, unter besonderer Berücksichtigung der Verknüpfung der verschiedenen Verkehrsträger. Bereits in dieser Form ist das Museumskonzept in Europa einmalig.

Konzeption 4. INDUSTRIE- UND VERKEHRSDENKMAL RANGIERBAHNHOF. Das Bahnbetriebswerk Kranichstein entstand 1898, als der Rangierbahnhof dort neu angelegt wurde. Die Bahnanlagen am alten Bahnhof am Darmstädter Steubenplatz waren dem gestiegenen Verkehrsaufkommen nicht mehr gewachsen und konnten dort auch nicht weiterentwickelt werden, da die städtische Bebauung dies nicht zuließ. Der alte Darmstädter Bahnhof war ein Gemeinschaftsbahnhof der staatlichen Main-Neckar Bahn und der privaten Hessischen Ludwigsbahn (HLB). Der enorme Verkehrsanstieg Ende des 19. Jahrhunderts verlangte

nach einem massiven Ausbau der Bahnanlagen und Strecken, um der Transportnachfrage gerecht zu werden. Die HLB war finanziell nicht leistungsfähig genug, um den notwendigen Ausbau ihres Streckennetzes vorzunehmen. Auch das Großherzogtum Hessen sah sich nicht in der Lage, die gewaltigen Anstrengungen selbst zu tragen, fand aber im Königreich Preußen einen Partner. Denn dort hatte man Interesse daran, den Verkehr auch künftig auf kürzestem Weg durch Hessen vom Ruhrgebiet nach Süden lenken zu können und nicht auf die Pfalz oder Bayern ausweichen zu müssen, was zu einer Verteuerung der Transporte durch längere Laufwege geführt hätte. 1896 wurde die HLB vom Großherzogtum Hessen verstaatlicht. Mit dem Königreich Preußen wurde für die übernommenen Strecken eine Betriebsgemeinschaft vereinbart, die „Königlich Preußische und Großherzoglich Hessische Staats-Eisenbahn" mit Direktion in Mainz. Die Fahrzeuge dieser Gemeinschaftsdirektion führten das Doppelwappen mit dem preußischen Adler und dem hessischen Löwen. Um die prekäre Lage im Darmstädter Güterverkehr zu entspannen, richtete die neue Gemeinschaftsdirektion als eine der ersten Maßnahmen einen Rangierbahnhof in Kranichstein ein. Damit konnte nicht nur die Andienung der Darmstädter Fabriken und Gleisanschlüsse beschleunigt und verbessert werden, es profitierten auch die umliegenden Orte im Odenwald, Ried und an der Bergstraße.
Ein Rangierbahnhof hat die Aufgabe, die zulaufenden Güterzüge aufzuteilen und in neue, einem gemeinsamen Ziel bestimmte Wagengruppen zusammenzufassen. Der Rangierbahnhof Kranichstein wurde von Anfang an mit einem Ablaufberg versehen, über den die Züge gedrückt wurden. Von dort rollten sie dann mittels Schwerkraft in die jeweiligen Richtungsgleise, in denen Hemmschuhleger die Wagen auffingen. 1916, im Ersten Weltkrieg, wurde in nordöstlicher Richtung ein weiterer Ablaufberg angelegt, der jedoch inzwischen wieder abgebaut und aufgeforstet wurde, als Ausgleichsfläche für den Bau der S-Bahn Darmstadt –

Frankfurt/M. Der Rangierbahnhof Kranichstein mit seinem doppelgleisigen Ablaufberg mit Hemmschuhauswurfanlage, seinem elektrischen Drucktastenstellwerk (Baujahr 1959) und den erforderlichen 30 Rangier- und Richtungsgleisen war im ursprünglichen Bauzustand bis August 2001 in Betrieb und wurde dann wegen des Rückgangs im Schienengüterverkehr stillgelegt. Die Deutsche Bahn AG will in Darmstadt-Kranichstein künftig nur noch die durchgehenden Gleise 1 bis 9 betreiben. Davon sind drei Gleise dem Personenverkehr vorbehalten, drei Gleise dem durchlaufenden Güterverkehr und drei Gleise den Zugüberholungen sowie der Bereitstellung der Bedienungsfahrten nach Dieburg und zur Firma Merck. Das Gelände des eigentlichen Rangierbahnhofs steht zur Disposition.

Diese Entwicklung eröffnet der Industriedenkmalpflege im Bereich der Eisenbahn eine ungeahnte Chance, denn den Erhalt eines kompletten Rangierbahnhofs als historische Eisenbahnanlage gibt es weltweit noch nicht. In jüngster Zeit wird zunehmend die Bedeutung des musealen Erhalts komplexer Industrieanlagen anerkannt. Zollern II/IV, Hochofen Meidericher Hütte, Gasometer, Schiffshebewerk Henrichenburg, Zeche und Kokerei Zollverein im Ruhrgebiet oder Völklinger Hütte im Saarland gehören teilweise zum Weltkulturerbe der UNESCO. Und so ist es an der Zeit, auch dem Verkehrssystem Eisenbahn, das die Industrialisierung überhaupt erst ermöglicht hatte, die ihm zukommende Bedeutung durch den Erhalt exemplarischer Großanlagen zu sichern. Hierzu gehört zweifelsohne ein Rangierbahnhof, ohne den Güterverkehr auf der Eisenbahn nicht denkbar war. Eine solche Anlage diente ausschließlich eisenbahnbetrieblichen Belangen, es gab keinen Publikumsverkehr und somit auch keine öffentliche Wahrnehmung. Umso wichtiger ist heute der Erhalt eines Rangierbahnhofs, um das Funktionieren des komplexen Systems Eisenbahn verdeutlichen zu können. Der Standort Darmstadt-Kranichstein stellt sich hierbei geradezu als Glücksfall heraus.

Wie bereits ausgeführt, entstand im Zusammenhang mit dem Rangierbahnhof das dortige Bahnbetriebswerk, um für die Bespannung der Güterzüge an Ort und Stelle die erforderlichen Lokomotiven vorzuhalten. Dieser Werkstätte war eine Wagenreparaturwerkstatt angegliedert, da beim Ablauf- und Rangierbetrieb durch Aufstöße von Wagen ständig Beschädigungen auftraten, die vor dem Weiterversand der Wagen behoben werden mussten.

Der museale Erhalt des Bahnbetriebswerks mit der Wagenwerkstätte darf als gesichert angesehen werden. Die Nachbarschaft dieses Ensembles zu einem, nun stillgelegten, Rangierbahnhof lässt es nur logisch erscheinen, diesen ebenfalls in das Museumskonzept einzubinden. Die direkte räumliche Verbindung des bestehenden Museums mit den Anlagen des Rangierbahnhofs lässt nicht nur eine problemlose Umsetzung der Museumserweiterung erwarten. Sie bietet dem Publikum auch die weltweit einzigartige Möglichkeit, komprimierte Eisenbahntechnikgeschichte in ihrer ursprünglichen Landschaft zu erleben, sich das Industriedenkmal „Eisenbahngesamtanlage Rangierbahnhof Kranichstein" als kulturgeschichtliches Ereignis zu erschließen.

Eine Umsetzung der Konzeption 4 der Bahnwelt Darmstadt-Kranichstein sieht aus wie folgt: Der verbleibende Betrieb der Deutschen Bahn AG lässt sich klar gegenüber den Museumsbereichen abgrenzen, wie dies auch bisher problemlos der Fall war. Lediglich über drei Anschlussweichen zwischen der Deutschen Bahn Netz AG und dem Museum lässt sich die gesamte Anlage von Bahnbetriebswerk und Museums-Rangierbahnhof anbinden. Die Bahnhofsgleise 10 bis 14 sollen ebenfalls vom Museum übernommen werden, da diese Gleise von NE-Bahnen im Güterverkehr genutzt werden und zur Aufnahme der Sonderzüge dienen, die anlässlich der Großveranstaltungen des Museums, wie den „Kranichsteiner Bahnwelttagen", zulaufen. Die Verbindung dieser Gleise zum bestehenden Museum ist über die Weichenverbindung 29/30 gegeben. Die vorhandenen 20 Richtungsgleise (32 bis 52) müssen nicht sämtlich ausschließlich für Museumszwecke vorgehalten werden, um das Prinzip Rangierbahnhof darzustellen. So können die Gleise 32 bis 39 für den aktuellen Güterverkehr genutzt werden, ohne dass dies den Museumsgedanken und seine Aussagen beeinträchtigen würde. Zu bestimmten Anlässen lässt sich den Besuchern Rangierbetrieb über den Ablaufberg demonstrieren. Deshalb sollen die dort vorhandenen Anlagen nicht reduziert werden. Zur Vorführung dieses Ablaufbetriebs ist es notwendig, das Rangierstellwerk R1 in das Museum zu integrieren. Dieses Gleisbild-Stellwerk aus dem Jahre 1959 ist es außerdem wert, in seiner typischen Architektur der fünfziger Jahre unter Denkmalschutz gestellt zu werden. Der Bereich der Gleise 68 bis 74 des Rangierbahnhofs wird zur Umsetzung des Museumskonzepts nicht benötigt. Jedoch benötigt das Museum eine Halle, in der seine Fahrzeugsammlung, deren Länge aneinandergereiht circa eineinhalb Kilometer beträgt, witterungsgeschützt untergebracht werden kann, um den musealen Auftrag des Bewahrens erfüllen zu können. Eine solche Halle in den Richtungsgleisen 32 bis 52 errichtet, würde den Charakter und das gewachsene originale Ensemble des Rangierbahnhofs empfindlich stören. Hingegen sind die Gleise 68 bis 74 als Standort sehr gut geeignet, denn sie sind an das bestehen bleibende Stellwerk Kf angeschlossen, können also unabhängig vom stillgelegten Rangierstellwerk R1 erreicht werden. Die Gleise wurden seinerzeit zur Sammlung von Güterwagen benötigt, die zur Ausbesserung in das ehemalige Wagenwerk in der Frankfurter Straße kamen. Die Nutzung dieser Gleise mit einer Wagenhalle berührt das Konzept Rangierbahnhof Kranichstein als Industriedenkmal in keiner Weise. Das Museum hat bereits ab August 2004 die Gleisanlagen und Geländeflächen, die für die Magazinhalle der Fahrzeugsammlung vorgesehen sind, von der Deutschen Bahn Netz AG mieten können.

Seitens der Stadt Darmstadt wurde Bereitschaft signalisiert, den gesamten von der Deutschen Bahn AG angebotenen Geländeteil zu erwerben und zwar einschließlich der darauf befindlichen Gleisanlagen. Der konzessionierte Eisenbahnbetrieb des Museums hat sich bereit erklärt, die Unterhaltung der Gleisanlagen zu übernehmen. Der zuerst beschriebene Teil des Rangierbahnhofs sollte als Industriedenkmal ausgewiesen und dem Eisenbahnmuseum angeschlossen werden. Der übrige Teil sollte zur Sicherung der Eisenbahninfrastruktur in Darmstadt gesichert werden. Damit hätte die Stadt Darmstadt sich alle Optionen offen gehalten, die Güterverkehrsentwicklung auf der Schiene in der Zukunft mit zu gestalten.

Uwe Breitmeier, Museumsdirektor

Uwe Breitmeier auf der 98 727 im Jahre 1986

Deutsche Reichsbahn
98 727
R.B.D. Mainz

Darmstadt-Kranichstein

Darmstadt-Kranichstein
23 042

01 1066

23 042

23 042

23 042

184
Gew. Lok. und Tender
Br. Gew.
Wasser
Kohle

97 210
01 1056

01 1056
38 3999
Jung

1056

01 1056

Gmeinder
Unt Kst
8.7.91
ZU 8.1.96
Nächste Unt

Unt
25.11.2000

H.F. WIEBE
BSW 2000
BUNKER-SCHÜTTGUT-WAGEN

V 36 406

STRABAG

V 62
360 577-1

2

Gew. Lok. 56 t
Br. Gew. P 52 t
G 37 t
K.-GP m Z

2
DB
V 200 116
89

Darmstadt-Kranichstein

6
7
8
Olga
290

V 62
01 1056

MWB
MWB

Wir danken
84 803 Mz
2

F

EUROVAPOR

2

2
KKp
P22t
G17t
10

2
Dy Bel

Wagen ohne Ladung
Abstand d. Drehzapfen 13,12 m
Ganzer Abstand 24,31 m
Gewicht d. Wagens 101 600 kg
Wagen mit Ladung
Abstand d. Drehzapfen 21,00
Ganzer Abstand 32,00
Gewicht d. Ladung 168 000

AEG
SI

EMENS

BP
Nächste Prüfung 10.94
Unt.16.06.07 Kst
NV

BP

FICK
Wagen darf nicht in Züge
eingestellt werden!

Stettin
Hbf
70790

Maggi
u.m.o.
№ 2

A B C
DB
212000
gewogen

F4
Unt Mf 30.3.4

Oelschalter
schwarz - ein
aus

Darmstadt-Kranichstein

Lokleitung
Frostschutz
Glysantin
LH 10 W
Hydraulik

1
H

8
G

Schienenschneiden
Krüger – 7 min. 56 sek

2

4
DBAG
60007689 000
1202

schalter

Königsba

K.P. E.V.

a

sse

DB
80 99-28 36

Deutsche Museums-Eisenbahn
Klingel
V36 401
ED Mainz
Bw Darmstadt-Kranichstein
Gew. Lok. 42 t
Br. Gew. P 46 t
G 37 t

DIESER WAGEN DIENT
NUR NOCH ALS
INNERBETRIEBLICHER
LAGERRAUM UND
NICHT MEHR ALS
GLEISFAHRZEUG
A B C
19.0t 23.0t 27.0t
S 19.0t 23.0t 27.0t
33,0 m²
12,7 m
14,0 m
12700 kg

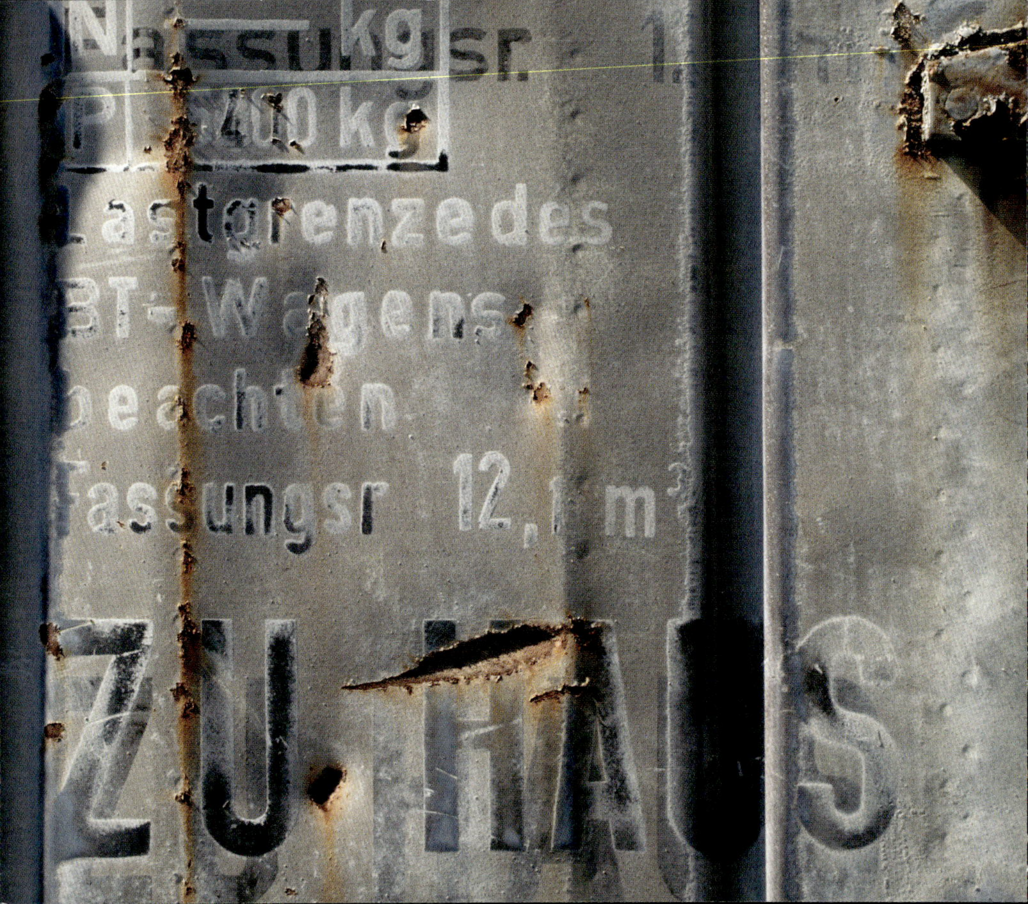
Lastgrenze des
BT-Wagens
beachten
ZU HAUS

Lager Bleibronce
Lager
Perb. Ringe
Schmier-polster
Achsen-riefig
Achsl. Unt.
Achsl. Pat.
Heißläufer
Datum

Taste
anheben
bis das Gitter
geschlossen
ist !

Hunde

2
Reisende mit Traglasten.
Raucher

DB

40047
Mainz
DEUTSCHE REICHSBAHN

Arbeitskollektiv
Friedrich List
29 D

Arbeitskollektiv
Friedrich List
29 D

BÜFFETWAGEN

basic

DB

184
OME
184

4
4

1
Nichtraucher
24t
verboten

Historische Eisenbahn
52 4867
Gew. Lok u. Tender 130 t
Br. Gew P 125 t
G 82 t
Wasser 30 m³
Kohle 10 t
K-GP m.Z.m. handbet.Lastabbr.
Gestängebauart TE.1935
Br. Rev. Br 3 20.03.08
G 56 15
Bw. Frankfurt (M) Ost
Br. Rev. Br 3 20.03.08

DEUTZ
№ 56342
Deutsche Reichsbahn
Kö 1002
RBD Mainz
Bw Kranichstein

56 3007
Unters.

Deutsche Bundesbahn
23 042
ED Mainz
Bw Darmstadt-Kranichstein

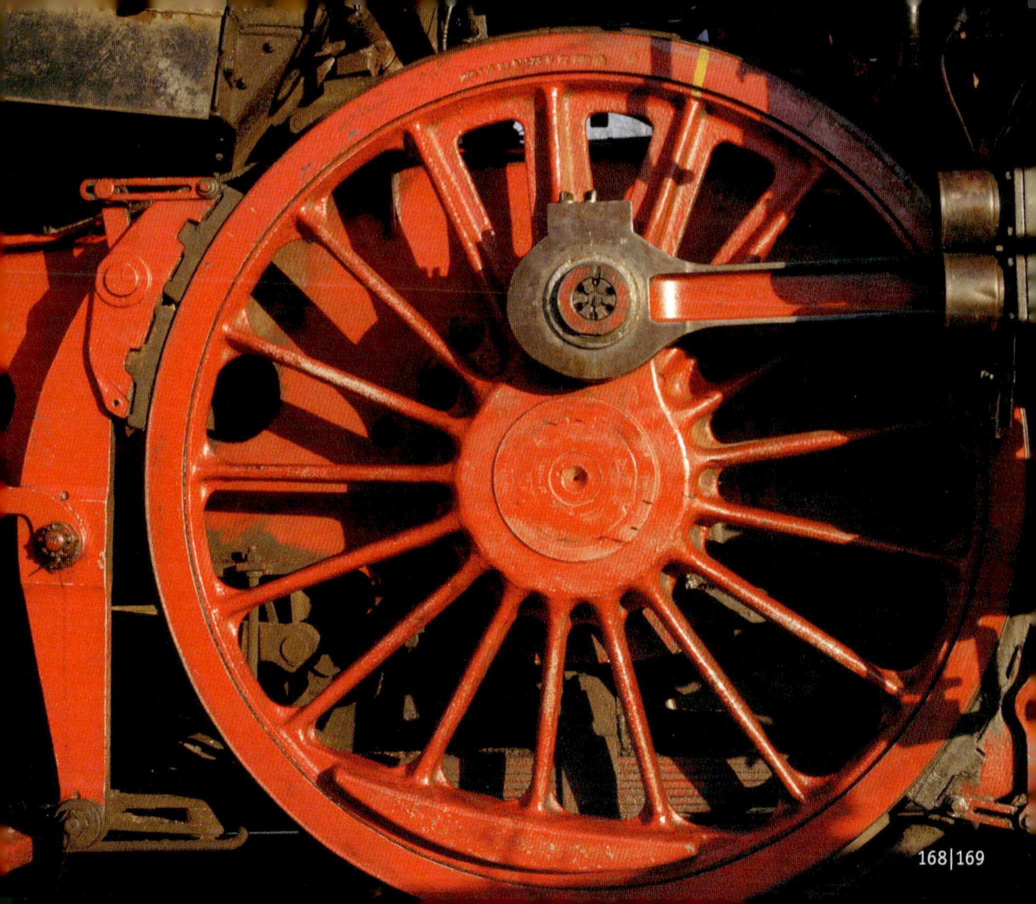

184
DME

23 042
1954
F.Nr 28534
KASSEL
23 042
A.
23 042
A.

23 042

DB
41 024

97 210

23 042

23 042
97 210

23 042
31m³

Deutsche Bundesbahn

DME GmbH
Christian Zährl

sel
Wasser
heizen
erboten

4981
MAINZ

97 210
KDL 02-01

Schlosserei

Nicht
bewegen
Es wird
gearbeitet

Nicht
bewegen
Es wird
gearbeitet

O-Spielpumpe – Z
Bläser · Z

O-Lichtmaschine-Z
O-Speisepumpe-Z
O · Bläser · Z

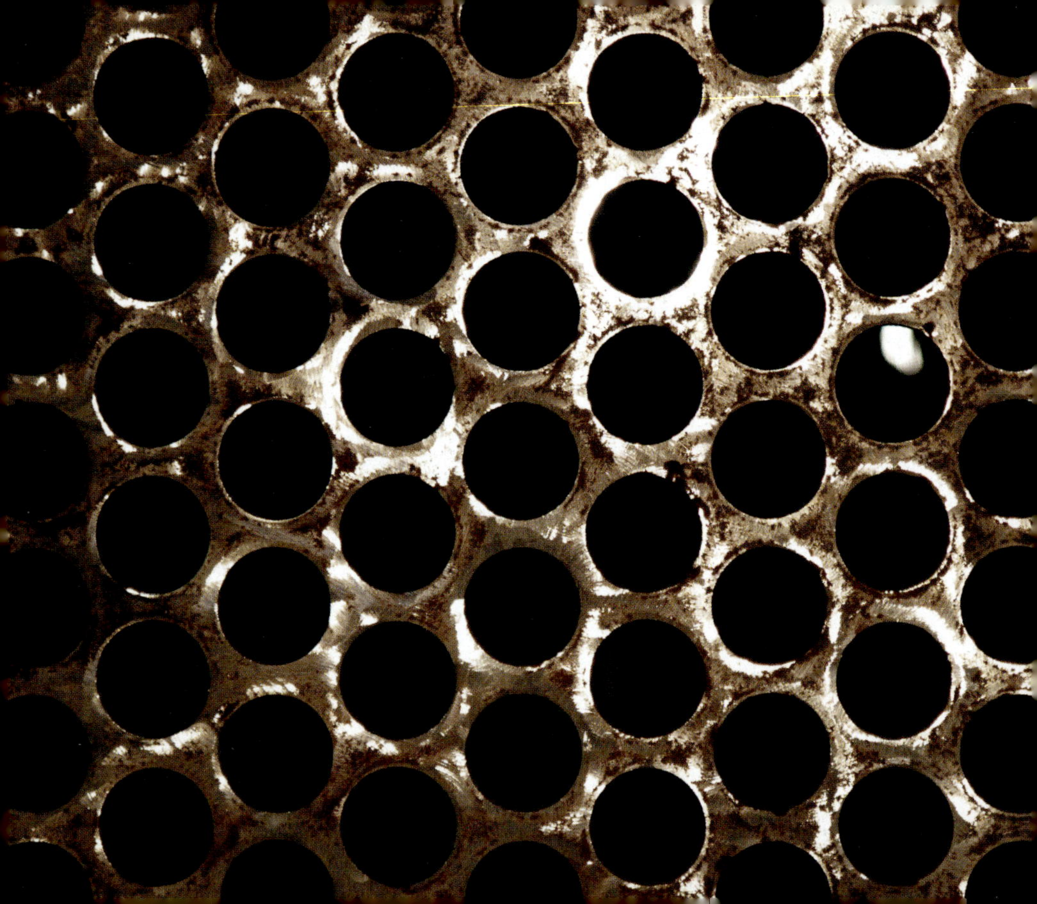

Größte
80
km/h

Stromkreis I
Beiwagen +
Stromkreis II
Beiwagen –
1
NORMAL
STOPP
MOTOR-TEMP.

0 1 2 3 4 5 6 7 8 9 10 11 12
kg/qcm.
Hauptluftbehälter
norr - Bremse
Aktiengesellschaft
Lichtenberg

21 80

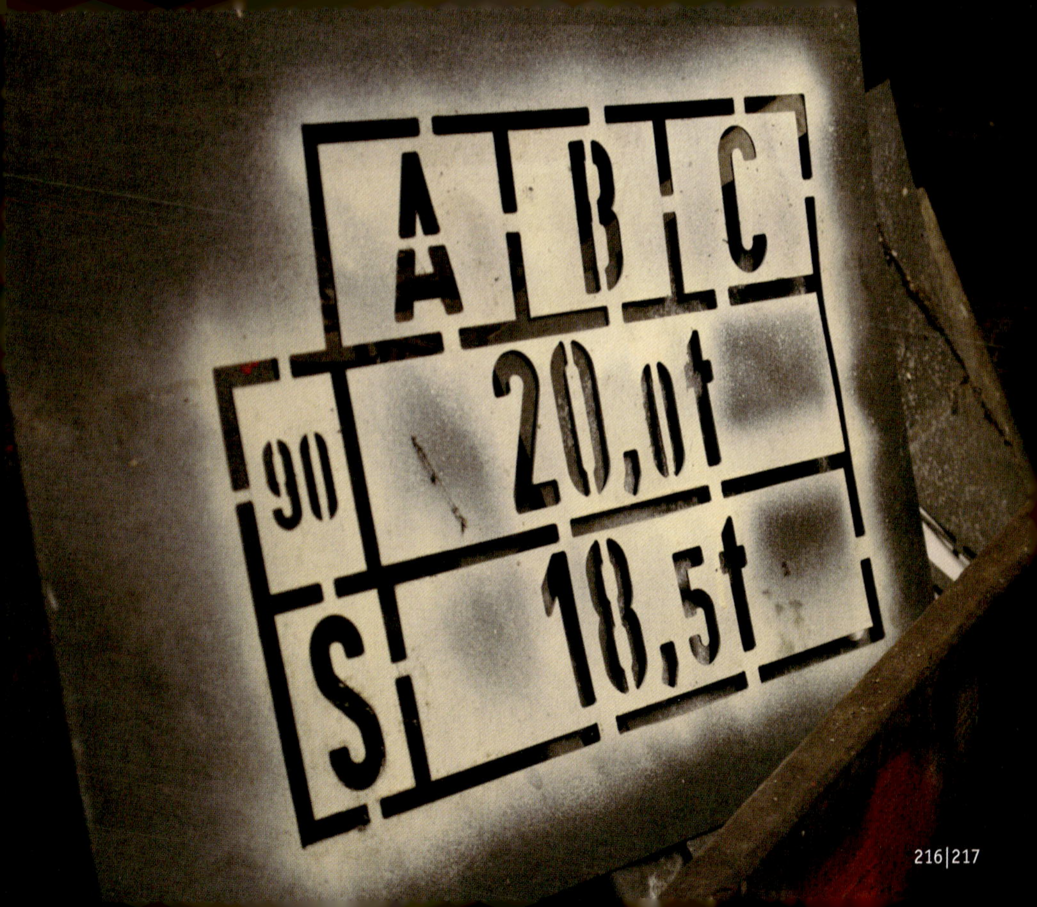
A B C
90 20,0t
S 18,5t

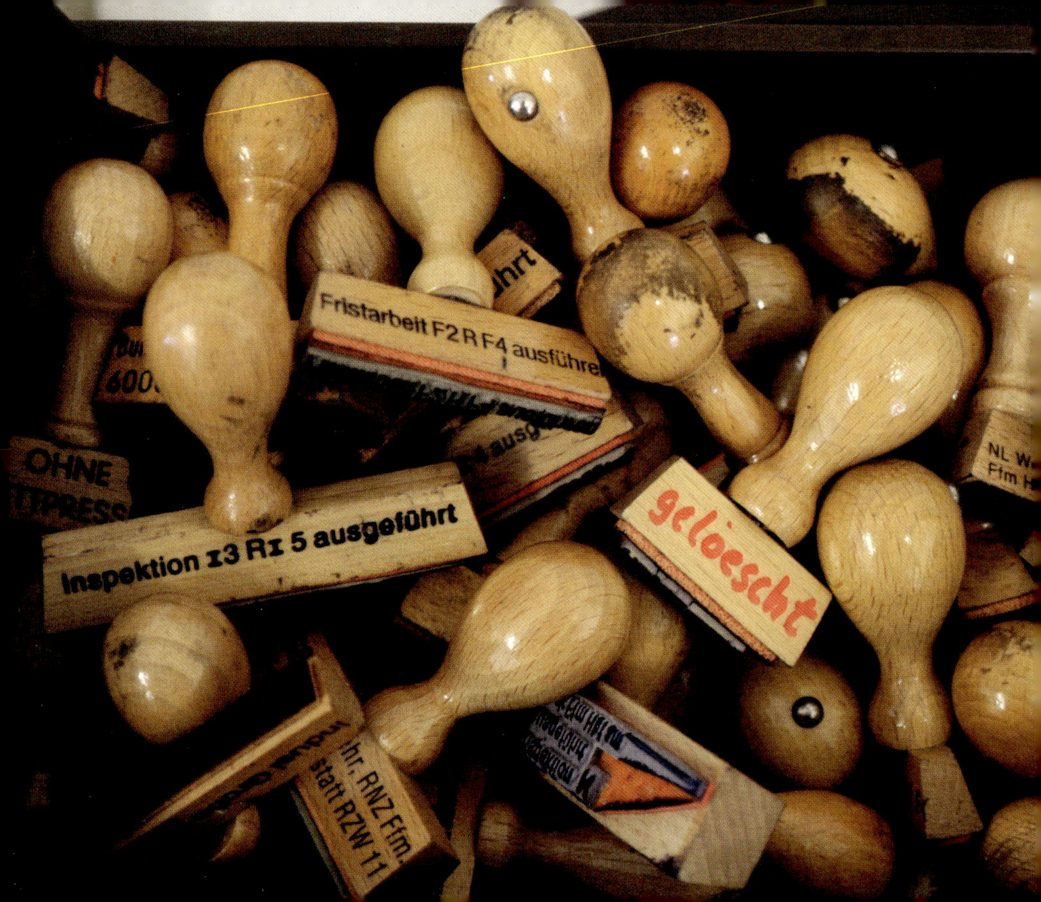
Fristarbeit F2 R F4 ausführe
Inspektion x3 Rx 5 ausgeführt
geloescht
OHNE
hr. RNZ Ffm.
statt RZW 11

Sander

en Staatseisenbahnen

hnen in Elsaß-Lothringen

1912. M.d.ö.A. VI. D. 15726 1. Ang. / R.A. 4245.

Vierachsige Heißdamp

mit 1350 mm großen Treibrädern un

1/40 nat. Größe

Länge

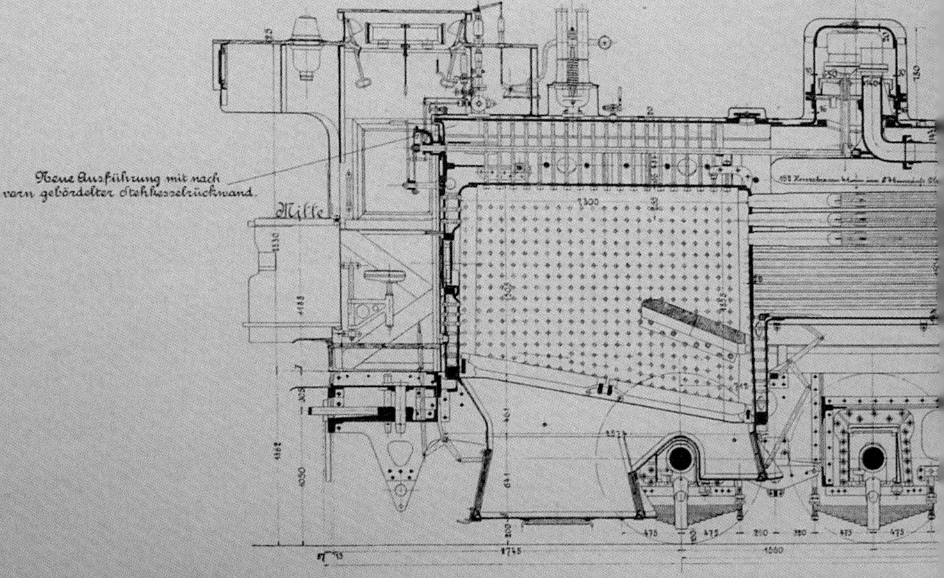

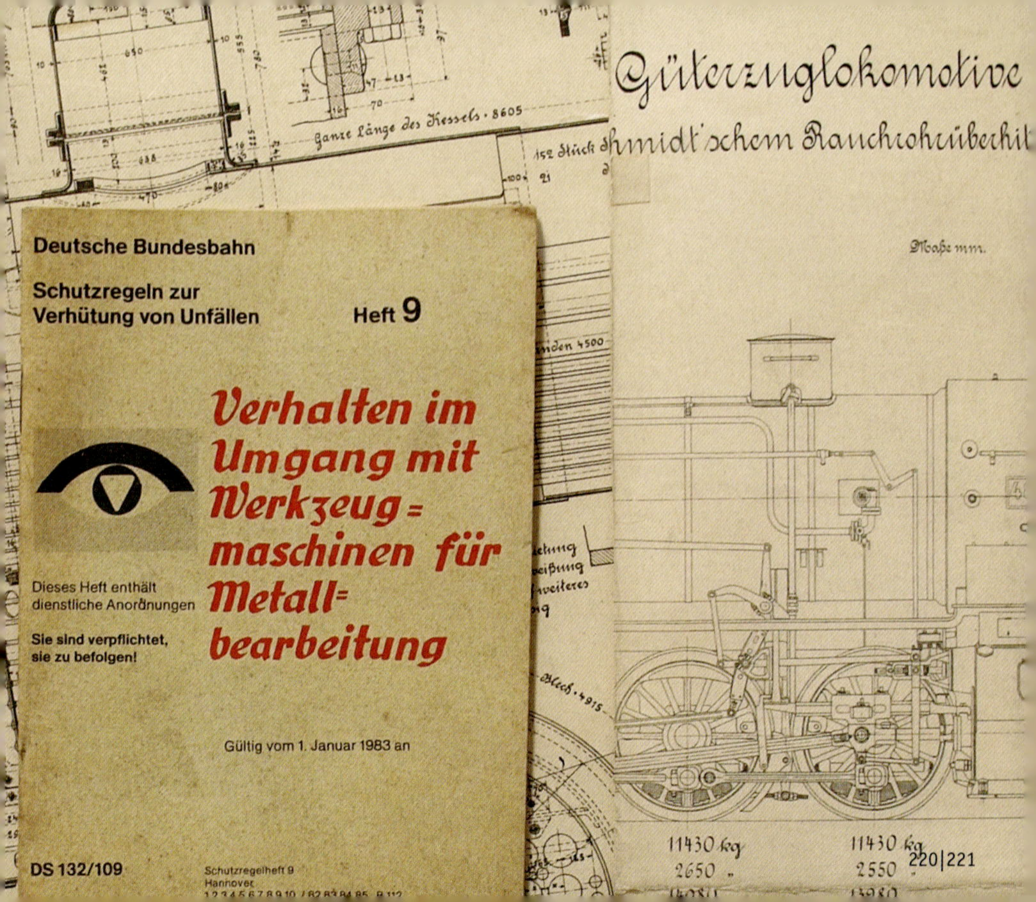
Deutsche Bundesbahn
Schutzregeln zur
Verhütung von Unfällen
Heft 9
Verhalten im Umgang mit Werkzeug=maschinen für Metall=bearbeitung
Dieses Heft enthält dienstliche Anordnungen
Sie sind verpflichtet, sie zu befolgen!
Gültig vom 1. Januar 1983 an
DS 132/109
Schutzregelheft 9
Hannover
Güterzuglokomotive
hmidt'schem Rauchrohrüberhit
Ganze Länge des Kessels · 8605
Maße mm.
11430 kg
2650
11430 kg
2550

Besprechung
Bitte nicht stören

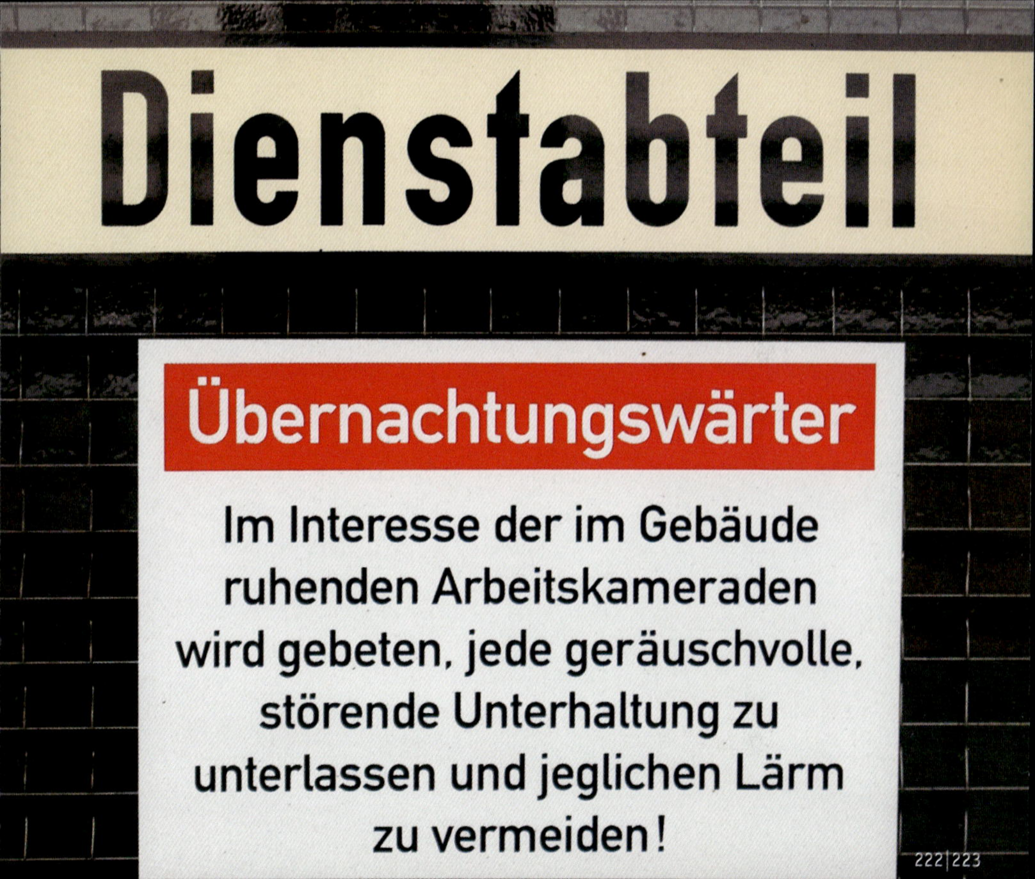
Dienstabteil
Übernachtungswärter
Im Interesse der im Gebäude ruhenden Arbeitskameraden wird gebeten, jede geräuschvolle, störende Unterhaltung zu unterlassen und jeglichen Lärm zu vermeiden!

ZILLERTALBAHN
AUF DER FAHRT
INS JUBILÄUM
älteste Lokalbahn mit
760 mm Spurweite
in Afrika
EuroCity
56 Goethe
DB/Bw Frankfurt 4/Uml 11139
Darmstadt-Mannheim-
Paris Est
SIEMENS

INES
IFIC
IC 1610 Gambrinus
Stuttgart-
nnheim- Mainz-
ldorf-Essen-
nd
DB Bw
BREMSE
ausgeschaltet

Notbremse
Herdweiss

Zum Feierabend
STERN
BIERE
Beim Wirt
AUS DEM FASS
unterwegs
AUS DER DOSE
zu Hause
AUS DER FLASCHE
STERN
PILS
STERN
EXPORT

Museumsbahnhof
Rosenhöhe
In der Zeit der Hessischen Ludwigs-Eisenbahn, hieß diese Station bis 1900 ‚Rosenhöhe' an dem gleichnamigen Park mit Palais.

184

184

Elektr. Heizung

52 4867

184
DME

Vorsicht!
Nicht bei herabge-
lassenen Klapp-
brücken rangieren!

HDV
Nikon

10
Stehplätze
Der Aufenthalt auf der Bühne
bei geöffneten Gittern ist verboten!

1

184
DME
HENSCHEL
Kipprost [Titan-D.R.P.]
Druckluftbremse [Knorr mit Z]

Canon
DIEMA

Klein = Kranichsteiner
Kreisbahn

2
UIC St

MWB
SERVICE

M JB 1974

V36411

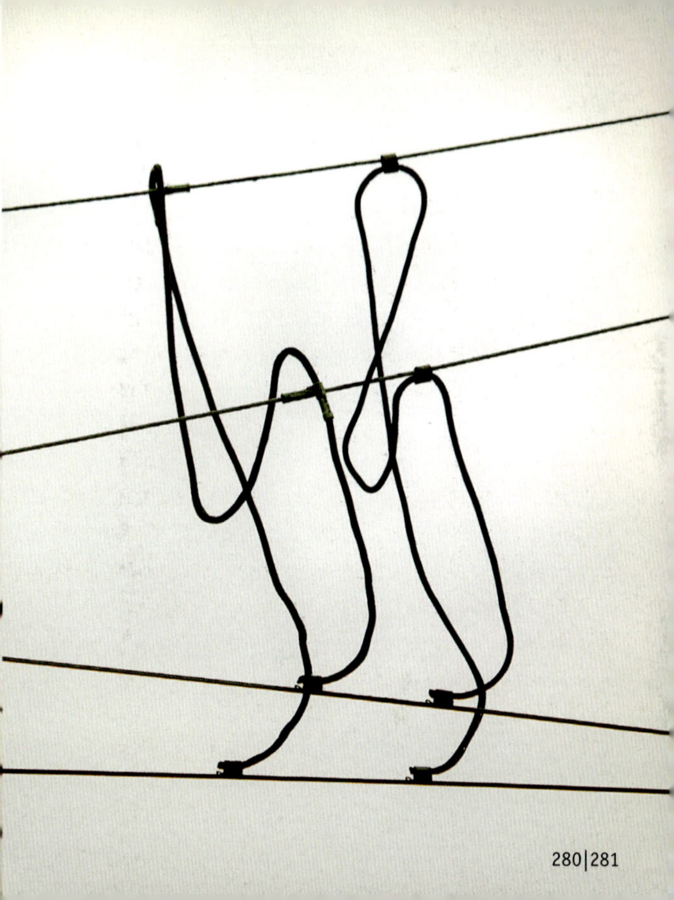

BILDLEGENDEN. 26/27 Führerstandsmitfahrt vor dem Lokschuppen | **28/29** Fahrzeugparade mit den Loks 01 1066 und 23 042 | **30/31** 23 042 vor der Abfahrt nach Darmstadt Hbf | **32-37** Triebwerkdetails | **38/39** Triebwerk der preußischen G8 4981 Mainz | **40/41** Blick in und aus dem Lokschuppen, Kö 1002, 23 042, ELNA 184, 23 042 | **42/43** Auf den Drehscheiben-Strahlengleisen: Zahnrad-Dampflok 97 210, Schnellzug-Dampflok 01 1056, Personenzug-Dampflok 38 3999, KDL 02-01 „Jung-Traktor", Klima-Schneepflug | **44** Kohlenkran mit 23 042 | **45** ... mit Gelenkwasserkran | **46/47** Schnellzug-Dampflok 01 1056 | **48/49** Kleindiesellok Kö 3504 „Albert", Dampfspeicherlok 13 „Olga", Kleindiesellok Kö 1002 | **50/51** Diesellok V 36 406 vor abgestelltem Bauzug | **52/53** Fahrzeugparade mit Dieselloks | **54/55** Dieselloks V 3 und V 62 | **56/57** Zugschluss-Scheibe, Dieselloks V 2 und V 3 | **58/59** Triebwerkdetails V 62 und 52 4867 | **60/61** Diesellok V 200 116 neben Lokschuppen | **62/63** Rangierarbeiten mit Diesellok V 12 | **64/65** An der Drehscheibe: Kleindiesellok Köf 4290, Dampfspeicherlok 13 „Olga", Schwerkleinwagen Klv 51-9136, Diesellok V 62 und Dampfloks 01 1056 und 38 3999 | **66/67** Rangierbahnhof | **68/69** Wochenendruhe vor der Wagenhalle | **70-85** Abgestellte Wagen | **86-89** Wagen zur Aufarbeitung | **90/91** Heizwagen und E-Lok E16 08 | **92/93** Tragschnabelwagen für sehr schwere Einzellasten | **94/95** Marken der deutschen Industrie- und Eisenbahngeschichte | **96-101** Abgestellte Güterwagen | **102-107** Güterwagen-Beschriftungen | **108/109** Untersuchungsanschrift und Bremsventile im Führerhaus der E16 08 | **110/111** Werkstattgebäude und Öllager | **112/113** ... und Signale | **114/115** Wagenbeschriftung und Lackierversuche an Werkstatt-Tür | **116-125** Die Schönheit der Patina | **126-134** Wagen- und Lokbeschriftungen | **135** Personenwagentür | **136/137** Werkstattschild, Puffer | **138/139** Wagenbeschriftungen | **140-143** Wagen- und Lokbeschriftungen | **144/145** Vor dem Aufenthaltsraum | **146-163** Mitarbeiter des Museums im Dienst | **164/165** Auszubildende des Internationalen Bunds (IB) mit ihrem Ausbildungsleiter und dem Werkstattleiter des Eisenbahnmuseums neben der Güterzug-Dampflok 56 3007 | **166-171** Abschmieren des Triebwerks der 23 042 | **172/173** Vater und Sohn, Reinigungsarbeiten | **174/175** 23 042 von hinten und von vorne | **176/177** 41 024 und Zahnrad-Dampflok 97 210 im Lokschuppen | **178-185** Hochheizen der 23 042 | **186/187** Mitarbeiter des Museums im Dienst | **188/189** Arbeiten in der Feuerbüchse der 23 042 | **190/191** Preußische G8 4981 Mainz, KDL 02-01 „Jung-Traktor", Zahnrad-Dampflok 97 210, im Hintergrund Lok 23 042 | **192/193** Im Lokschuppen vor der Schlosserei | **194/195** Schmiedearbeiten am Lufthammer und an der Esse | **196/197** Blick aus dem Lokschuppen auf die E16 08 | **198/199**

Flaschenzüge im Lokschuppen, Sitzuntergestelle in der Werkstatt | **200/201** Am Kohlenhunt vor der 23 042, Diesellok V 36 411 | **202/203** Rangierverbot | **204/205** Schmierleitungssystem der ELNA 184 | **206/207** Messinghandräder für Anstellventile auf der Lok 23 042 | **208/209** Rohrwand eines ausgebauten Dampflokkessels, Arbeiten in der Feuerbüchse der Lok 23 042 | **210/211** Führerstand der Lok 44 404, Detail aus einem Heizwagen | **212/213** Sicherungskasten und Manometer im Führerstand eines Triebwagens | **214/215** Fahrkartendruckerei | **216/217** Beschriftungsschablonen | **218/219** Dienststempel, zum Einbau vorbereitete Schrauben | **220/221** Archivalien | **222/223** Diensträume | **224/225** Gegenstände im Museumsdepot | **226/227** Abteilwerben der 1950er Jahre im Museumszug | **228/229** Museumszug mit der ELNA 184 im „Museumsbahnhof Rosenhöhe" (Darmstadt Ost) | **230/231** Museumszug am derzeitigen Endpunkt der Museumsstrecke „Bessunger Forsthaus" | **232/233** Im Lokfahrdienst | **234/235** Schienenvorräte am „Bessunger Forsthaus" | **236/237** Am Ablaufberg des Rangierbahnhofs | **238/239** Fahrzeugparade mit 52 4867 und ELNA 184 | **240-247** Publikum bei den Bahnwelttagen 2010 zum Jubiläum 175 Jahre Deutsche Eisenbahnen | **248/249** Auf der Einstiegsplattform von Bi-Wagen | **250/251** Personal der Ulmer Eisenbahnfreunde | **252/253** Führerstandsmitfahrten | **254/255** Fernsehinterview während der Bahnwelttage 2010 | **256/257** Gespräche während der Bahnwelttage 2010 mit dem Darmstädter Oberbürgermeister Walter Hoffmann (2. von links) | **258/259** Verkauf von Schildernachgüssen und Publikumsbewirtung im Lokschuppen | **260/261** Große Kinderbahn | **262/263** Verkehrspolitische Lehranlage im MoBaTrain | **264/265** Wagenhalle in Rekonstruktion | **266/267** Sh 2-Scheibe: Schutzhalt zur Kennzeichnung einer Gleisstelle, die vorübergehend nicht befahren werden darf | **268/269** Radsätze und Rest der alten Fußgängerüberführung (zum Wiederaufbau vorgesehen), Diesellok V 36 411 hinter typischen Wellblechgaragen der 1950/60er Jahre | **270/271** Abgestellte Wagen (ausnahmsweise erlaubtes Spielen im Gleisbereich) | **272-274** Altschwellenlager | **275-277** Straßenroller für schwere Einzellasten und Schienenfahrzeuge | **278/279** Zweigleisiger Ablaufberg im Rangierbahnhof, Abstellanlage hinter dem Ablaufberg | **280/281** Einfach-Oberleitung, Oberleitungsstromverbindung an einer Weiche

VERANSTALTUNGEN DES EISENBAHNMUSEUMS. Jährliche Termine

Karfreitag und Ende Oktober Dampf-Pendelfahrten von Bensheim nach Worms

Ostersonntag und Ostermontag Dampf-Pendelfahrten von Darmstadt-Ost zum Bessunger Forsthaus mit dem Osterhasen

1. Mai und 3. Oktober Betriebstag auf der Museumsstrecke von Darmstadt-Ost zum Bessunger Forsthaus

April bis September, jeweils 1. Sonntag im Monat Dampftag im Museum, eine Dampflokomotive im Betrieb

Juni bis August, jeweils 4. Sonntag im Monat Historische Triebwagenfahrt von Darmstadt-Ost zum Bessunger Forsthaus

Christi Himmelfahrt bis zum darauffolgenden Sonntag Bahnwelttage auf dem Museumsgelände, viele Gastlokomotiven und Events rund um die Eisenbahn an allen vier Tagen

September Dampflokfest auf dem Museumsgelände

Nikolausfahrten Dampfsonderfahrten vom Darmstädter Hauptbahnhof zum Bessunger Forsthaus und zurück am Wochenende um St. Nikolaus (6. Dezember)

*Aktuelle Termine finden Sie auf **www.bahnwelt.de***

ÖFFNUNGSZEITEN DES EISENBAHNMUSEUMS

Sonn- und Feiertage von 10 – 16 Uhr, Mittwoch von 10 – 16 Uhr (April bis September)

Neben den alljährlichen Veranstaltungen führt das Museum sporadische Sonderfahrten durch. Die Lokomotive 23 042 im Dezember 2008 im Darmstädter Hauptbahnhof vor der Ankopplung der Waggons zur Fahrt zum Weihnachtsmarkt in Alsfeld. Foto Hajo Riemann

23 042
34
2
S7

DIE BAHNWELTTAGE IN DARMSTADT-KRANICHSTEIN. „Wenn es im Eisenbahnmuseum Darmstadt-Kranichstein qualmt, dann richtig. Halbe Sachen gibt es nicht. Über 40 Triebfahrzeuge mit mehr als 150 Wagen stehen dort, und an manchen Tagen legen sich die ehrenamtlichen Helfer des Museums so richtig ins Zeug und heizen ein." (Das hr-Fernsehen in seiner Sendung Hessentipp über die Bahnwelttage 2010)
Die jährlich von Christi Himmelfahrt bis zum darauffolgenden Sonntag vom Eisenbahnmuseum Darmstadt-Kranichstein im ehemaligen Rangierbahnhof Darmstadt-Kranichstein durchgeführten Bahnwelttage sind mittlerweile zu einer der größten Eisenbahn-Veranstaltungen in Deutschland angewachsen. Das umfangreiche Programm zeigt mehr als nur Loks und Waggons, es lässt die ganze Welt der historischen Eisenbahn wiedererstehen. Es umfasst Ausstellungen, Stellwerksvorführungen, Fahrkartendruck, Uniformgarderobe und vieles mehr, neuerdings auch die Oberbauausstellung. Höhepunkt bei den Bahnwelttagen 2010 bildeten die mehrmals vorgeführten Fahrzeugparaden mit museumseigenen und zahlreichen Gastfahrzeugen. Historische Dampf-, Diesel-, E-Loks und alle möglichen Sonderfahrzeuge aus dem Bahnwesen fuhren mit Wagen ihrer Epoche an den Gästetribünen vorüber.

Vor dem Beginn der großen Lokparade zum 175-jährigen Jubiläum Deutsche Eisenbahnen auf den Bahnwelttagen im Mai 2010: Links der RWE Trafotransportwagen, dahinter ein historisches Krokodil der Baureihe E94 und ein V60, beide von der Pfalzbahn Worms, in der Mitte die museumseigene Lok ELNA 184, ein so genannter D-Kuppler, rechts die Dampflok 41 018 vom Bahnpark Augsburg. Foto Kai Uwe Werner von einem Turmtriebwagen des Baujahrs 1958 aus

184
41 018

ROUTE DER INDUSTRIEKULTUR RHEIN-MAIN. 31 Gemeinden und Städte in Hessen, Bayern und Rheinland-Pfalz sowie der Planungsverband Ballungsraum Frankfurt/Rhein-Main haben sich in der KulturRegion FrankfurtRheinMain zusammengeschlossen, um den rund 3,5 Millionen Menschen in der Region anspruchsvolle kulturelle Projekte und Veranstaltungen zu bieten. Ziel ist es, die Region neu zu entdecken und ihre Schönheit und Vielfalt erlebbar zu machen. Regionale Identität kann so entstehen frei nach dem Motto: Das Gute liegt so nah!
Die Route der Industriekultur Rhein-Main zeigt lebendige Zeugnisse des produzierenden Gewerbes aus Vergangenheit und Gegenwart sowie Trends und Innovationen. Sie bringt Unternehmen, Besucher, Kommunen und Institutionen miteinander in Kontakt und gibt Impulse für nachhaltige Um- und Nachnutzungen. Das Eisenbahnmuseum Darmstadt-Kranichstein ist ein Highlight auf der Route der Industriekultur Rhein-Main.
Seit 2003 veranstaltet die KulturRegion im Sommer die „Tage der Industriekultur Rhein-Main“: Zwischen Darmstadt im Süden und der Wetterau im Norden, Miltenberg am Main im Osten und Bingen am Rhein im Westen bieten Unternehmen Führungen an, werden industriekulturelle Orte gezeigt, bespielt und inszeniert. Zu Fuß, per Rad, auf dem Schiff oder in historischen Eisen- und Straßenbahnen sind die Menschen unterwegs. Jedes Jahr steht dabei ein anderes Thema im Mittelpunkt.

PUBLIKATIONEN DER KULTURREGION ZUR ROUTE DER INDUSTRIEKULTUR RHEIN-MAIN

Identität und Wandel Route der Industriekultur Rhein-Main Band 2
Der reich bebilderte zweite Band der Reihe „Industriekultur Rhein-Main" präsentiert wieder exemplarisch Orte, Unternehmen und aktuelle Entwicklungen zum Thema Industriekultur.
KulturRegion FrankfurtRheinMain (Hrsg.)
ISBN 978-3-937774-70-1
240 Seiten, Großformat, Broschur, mit über 200 Abbildungen
CoCon Verlag Hanau, 2009
EUR 16,80

Route der Industriekultur Rhein-Main 28 reich bebilderte Artikel stellen verschiedene Aspekte und Orte der Route der Industriekultur vor, ein Serviceteil mit einer Übersicht technischer Sammlungen und Museen rundet das Buch ab.
KulturRegion Frankfurt RheinMain (Hrsg.)
ISBN 3-7973-0960-0
160 Seiten, Broschur, mit zahlreichen Farbabbildungen
Societäts-Verlag Frankfurt/M, 2006
EUR 9,90 (D) / sFr 18,30 (CH)

www.krfrm.de, www.route-der-industriekultur-rhein-main.de

DEUTSCHE EISENBAHNMUSEEN. Eine Auswahl

Bahnpark Augsburg, Firnhaberstraße 22, 86159 Augsburg, T 08 21 / 45 04 47 - 0, www.bahnpark-augsburg.de

Bahnwelt Darmstadt-Kranichstein/Eisenbahnmuseum Darmstadt-Kranichstein, Steinstraße 7, 64291 Darmstadt, T 0 61 51 / 37 76 00, www.bahnwelt.de

DB Museum Koblenz, Schönbornsluster Straße 3, 56070 Koblenz, T 02 61 / 396 - 13 39, www.dbmuseum-koblenz.de.vu

DB Museum Nürnberg, Lessingstraße 6, 90443 Nürnberg, T 09 11 / 219 - 28 29, www.deutschebahn.com/site/dbmuseum/de/

Deutsches Dampflok-Museum Neuenmarkt, Birkenstraße 5, 95339 Neuenmarkt/Bayern, T 0 92 27 / 57 00, www.dampflokmuseum.de

Eisenbahn- und Technikmuseum Rügen GmbH, Am Bahnhof 3, 18609 Binz, T 03 83 93 / 23 66, www.etm-ruegen.de

Eisenbahnmuseum Bochum-Dahlhausen, Dr.-C.-Otto-Straße 191, 44879 Bochum, T 02 34 / 49 25 16, www.eisenbahnmuseum-bochum.de

Eisenbahnmuseum Chemnitz/Sächsisches Eisenbahnmuseum, An der Dresdner Bahnlinie 130c, 09131 Chemnitz, T 03 71 / 493 27 65, www.sem-chemnitz.de

Eisenbahnmuseum Heilbronn/Süddeutsches Eisenbahnmuseum, Leonhardstraße 15, 74080 Heilbronn, T 0 71 31 / 3 90 74 34, www.eisenbahnmuseum-heilbronn.de

Eisenbahnmuseum Leipzig, Schönauer Straße 113, 04207 Leipzig, T 03 41 / 96 82 514, www.dampfbahnmuseum.de

Eisenbahnmuseum Neustadt/Weinstraße, Schillerstraße 3, 67434 Neustadt, T 0 63 21 / 30 390, www.eisenbahnmuseum-neustadt.de

Eisenbahnmuseum Nördlingen, Am hohen Weg 6a, 86720 Nördlingen, T 0 90 83 / 340, www.bayerisches-eisenbahnmuseum.de

Eisenbahnmuseum Schwarzenberg, Schneeberger Straße 60, 08340 Schwarzenberg, T 0 37 74 / 76 07 60, www.vse-eisenbahnmuseum-schwarzenberg.de

Eisenbahnmuseum Siegen/Südwestfälisches Eisenbahnmuseum, An der Unterführung 22, 57072 Siegen, T 02 71 / 3 13 62 09, www.sem-siegen.de

Eisenbahnmuseum Weimar, Eduard-Rosenthal-Straße, 99425 Weimar, T 01 77 / 3 38 54 15 oder 01 77 / 2 40 62 66, www.thueringer-eisenbahnverein.de

Henschel-Museum, Wolfhager Straße 109, 34127 Kassel, T 05 61 / 8 01 72 50, www.henschel-museum.com

SPONSOREN. Danksagung. Das Buch wurde von zahlreichen Vorbestellern und von folgenden der Eisenbahn oder dem Eisenbahnmuseum Darmstadt-Kranichstein in besonderer Weise verbundenen Unternehmen mit Anzeigen unterstützt und so erst ermöglicht. Ihnen allen gilt unser Dank.

Allgemeine Gleis- und Tiefbau GmbH. Partner bei der Planung und Ausführung von Gleisbau-, Tiefbau-, Beton- und Straßenbauarbeiten mit Sitz in Mainz und Zweigstelle in Darmstadt.

Arnold Verkehrsabsicherungen. Das Darmstädter Unternehmen plant und organisiert die Verkehrsleitung und Absicherung an Baustellen und verleiht Verkehrsschilder und Anlagen zur Verkehrsabsicherung in der Region.

Darmstädter Privatbrauerei GmbH & Co. KG. Die Lok lockt! Als 1912 in unmittelbarer Nähe der 1847 gegründeten Brauerei der Darmstädter Hauptbahnhof errichtet worden war, fand, angeregt durch die wachsende Bedeutung der Eisenbahn, die Lokomotive als Symbol für Dynamik, Energie und Bewegung Eingang in das Wappen der Brauerei.

Fritz Rodatz GmbH. Das Versicherungsunternehmen mit Sitz in Hamburg ist seit 50 Jahren Spezialist für den Versicherungsschutz „Rund um die Bahn“, inklusive Modellbahnanlagen, Verkehrs- und Technikmuseen.

HEAG Holding AG. Die Führungsgesellschaft des HEAG-Konzerns mit Sitz in Darmstadt ist zugleich das Beteiligungsmanagement der Wissenschaftsstadt Darmstadt. Die Konzerntochter HEAG mobilo ist führender Mobilitätsdienstleister in der Stadt Darmstadt und der Region. Ihre historischen Straßenbahnen sollen in die Bahnwelt Darmstadt-Kranichstein integriert werden.

Modellbahn An- und Verkauf Michael Schmidt. Modellbahn-Schmidt bietet nicht nur weltweit über die Online-Auktionsplattform eBay gebrauchte Modelleisenbahnen und Modellbahnzubehör zum Kauf an. In seinem An- und Verkaufsladen in der Heinrich-/Ecke Nieder-Ramstädter Straße bietet er sie den Darmstädtern über mehrere Räume auch zum Anfassen.

Sparda-Bank Hessen eG. Die Spar- und Darlehenskasse wurde 1897 von Mitgliedern des Eisenbahnervereins in Kassel gegründet, um „die wirtschaftlichen Verhältnisse der Mitglieder durch Ansammlung von Ersparnissen und durch Gewähr von Darlehen zu fördern".

Stiftung Deutsche Eisenbahn. Die Stiftung Deutsche Eisenbahn ist die Dachstiftung der Deutschen Eisenbahnmuseen und Museumseisenbahnen.

Stiftung Bahnwelt Darmstadt-Kranichstein. Die Stiftung unterstützt die Erweiterung der Sammlungen und Einrichtungen der Bahnwelt Darmstadt-Kranichstein.

TMS Service für Schienenfahrzeuge. Seit 2007 Partner für Sicherheitseinrichtungen und Funkanlagen im stetig wachsenden privaten Eisenbahnmarkt in Deutschland: Hersteller von Triebfahrzeugen, Eisenbahnverkehrsunternehmen (EVU) und Bahndienstleister einschließlich Eisenbahnmuseen.

Weyermann Malz. Malz war eines der ersten Transportgüter der Deutschen Eisenbahn und der traditionsreiche Malzfabrikant Weyermann in Bamberg hatte schon früh einen privaten Gleisanschluss.

Zug-Simulator-Event bietet in Zusammenarbeit mit DB Mobility Logistics AG und DB Training, Learning & Consulting Eisenbahn-Liebhabern die Möglichkeit, einen modernen ICE im Simulator zu fahren.

Die Lok lockt!
Pilsner
Braustüb'l
DARMSTÄDTER
Braustüb'l
Pilsner
DARMSTÄDTER
Seit 1847
Die Brauerei mit Pfiff.

E44 056

SCHREIBEN SIE STADTGESCHICHTE. Jetzt Mitherausgeber und Abonnent der EDITION DARMSTADT werden. An der Geschichte Darmstadts haben viele Menschen mitgeschrieben. Zum Beispiel Andy Warhol, der 1971 und 1980 Darmstadt beehrte. Die Kurfürsten, die schon vor 300 Jahren das Darmstädter Staatstheater begründeten. Die vielen Enthusiasten, die das Eisenbahnmuseum in Kranichstein aufbauen – eines der ältesten in Deutschland und weltweit das größte zusammenhängende Industriedenkmal zur Eisenbahngeschichte.

Band 1
Edition Darmstadt 101, 2009
STADT DER KÜNSTE – DARMSTADT
25 Jahre Kunst Archiv Darmstadt
Hg. Kunst Archiv Darmstadt
304 Seiten mit
mehr als 250 farbigen Fotoseiten

Die EDITION DARMSTADT gibt Ihnen die Möglichkeit, an dieser Stadtgeschichte mitzuschreiben. Wir präsentieren in jedem Band bekannte, weniger bekannte, völlig unbekannte oder bislang übersehene Darmstädter Kulturgüter. So trägt, angesichts immer knapper werdender öffentlicher Gelder, die EDITION DARMSTADT dazu bei, die Bekanntheit und die kulturelle Vielfalt unserer Stadt zu fördern.

Außergewöhnliche Fotoauffassung, hochwertiger Druck und kompaktes Format machen die Reihe zum idealen Geschenk und Sammelobjekt. Als Abonnent profitieren Sie davon in mehrfacher Weise: Sie erhalten alle Bände der EDITION DARMSTADT zum Vorzugspreis und werden namentlich als Mitherausgeber genannt.

Schreiben Sie mit uns Stadtgeschichte und geben Sie der Kultur in Darmstadt eine Zukunft.

DAS ABONNEMENT beinhaltet vier in loser Reihenfolge erscheinende ca. 300-seitige Flipbooks mit ca. 250 Fotoseiten im Querformat 14,3 x 12 cm und kostet Sie 40,- EUR inkl. MwSt. + Versand. Darüber hinaus erhalten Sie jedes zusätzliche Exemplar der EDITION DARMSTADT zum Vorzugspreis von 10,- EUR inkl. MwSt. + Versand (Buchhandelspreis 12,80 EUR).

Das Abonnement wird über vier Ausgaben abgeschlossen und verlängert sich danach automatisch um jeweils vier weitere Ausgaben, wenn Sie es nicht spätestens einen Monat nach Erhalt der vierten Ausgabe kündigen. Die Rechnung wird Ihnen jeweils mit der ersten von vier Ausgaben zugestellt.
Bei Abschluss des Abonnements erhalten Sie ein Exemplar „American Surfaces LAS VEGAS“ gratis.

AMERICAN SURFACES – LAS VEGAS
Kamera: Gerd Ohlhauser (Hg.)
Schnitt: Shau Chung Shin
Kritik: Gert Selle
208 Seiten,
88 farbige, 96 s/w Fotoseiten
Darmstadt 2008

In Vorbereitungbefinden sich:
300 JAHRE STAATSTHEATER DARMSTADT (Februar 2011)
60 JAHRE HEINERFEST DARMSTADT (Juni 2011)

Weitere Themen sind: Andy Warhol in Darmstadt (1971 und 1980) | Weltnaturerbe Grube Messel | Vivarium Darmstadt | Internationale Waldkunst Darmstadt | Wissenschaftsstadt Darmstadt | Architektenstadt Darmstadt | u.v.a.m.
Vorschläge Ihrerseits sind willkommen.

Bestellformular unter www.surface-book.de

DIE BRIEFMARKE ZUM BUCH

Die selbstklebenden 55-Cent-Briefmarken mit dem Titelmotiv dieses Buches und dem Eindruck EISENBAHNMUSEUM DARMSTADT-KRANICHSTEIN können Sie mit dem Bestellformular auf **www.surface-book.de** oder formlos bei gerd@ohlhauser.de zum Stückpreis von 1,50 Euro + Versandporto bestellen, einen ganzen Bogen mit 20 Marken und 10 % Rabatt zum Preis von 27 Euro.

Deutsche Post
EISENBAHNMUSEUM
DARMSTADT KRANICHSTEIN
MUSTER
www.marke-individuell.de
Deutsche Post
EISENBAHNMUSEUM
DARMSTADT KRANICHSTEIN
MUSTER
www.marke-individuell.de
55
Deutsche Post
EISENBAHNMUSEUM
DARMSTADT KRANICHSTEIN
MUSTER
www.marke-individuell.de
55
Deutsche Post
EISENBAHNMUSEUM
DARMSTADT KRANICHSTEIN
MUSTER
www.marke-individuell.de
55
Deutsche Post
EISENBAHNMUSEUM
DARMSTADT KRANICHSTEIN
MUSTER
www.marke-individuell.de
55
Deutsche Post
EISENBAHNMUSEUM
DARMSTADT KRANICHSTEIN
MUSTER
www.marke-individuell.de
55
55

EDITION SURFACE

Flipbooks 14,3 x 12 cm

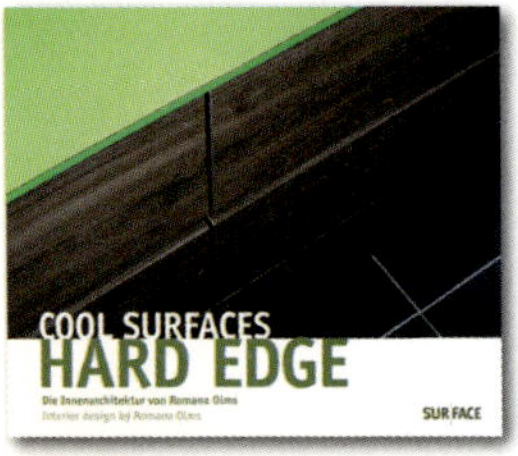

Band Volume 003, 2009
COOL SURFACES
HARD EDGE
Die Innenarchitektur von Romana Olms
Interior Design by Romana Olms
Text: Gerd Ohlhauser (Hg. Ed.)
Photos: Markus Palzer
deutsch english
192 Seiten pages, ca. 150 farbige Fotoseiten coloured picture/decor pages

Band Volume 002, 2009
ORNAMENTAL SURFACES
MACRO WOOD
Vom Ersetzen zum Übersetzen
From Substitution to Transformation
Gerd Ohlhauser (Hg. Ed.) in Zusammenarbeit mit in co-operation with janoschkadecor
deutsch english
216 Seiten pages, 180 farbige Bild-/Dekorseiten coloured picture/decor pages

Band Volume 001, 2009
LIVING SURFACES
RESOPAL PUR
Das Haus Breitenbach in Lorsch von H_2S architekten
The Breitenbach House in Lorsch by H_2S architekten
Text: Gerd Ohlhauser (Hg. Ed.)
Photos: Markus Palzer
deutsch english
192 Seiten pages, 167 farbige Abbildungen coloured pictures

Informationen zu Abonnement und Bestellung unter www.surface-book.de oder von gerd@ohlhauser.de

SURFACE BOOKS

Großformat Large Format 23 x 30 cm

JUPP GAUCHEL
Rhythm & Greens
mit einem Beitrag von with contribution by Volker Fischer
deutsch english
Softcover
128 Seiten pages, durchgehend farbig bebildert all illustrations in colour
Darmstadt 2010

DIETER BALZER
2004–2008
Linde Hollinger (Hg. Ed.) mit Beiträgen von with contributions by
Lida von Mengden, Dieter Balzer, Gerd Ohlhauser, Linde Hollinger, Dirk Martin
deutsch english
Softcover und and Hardcover
144 Seiten pages, durchgehend farbig bebildert all illustrations in colour
Darmstadt 2008

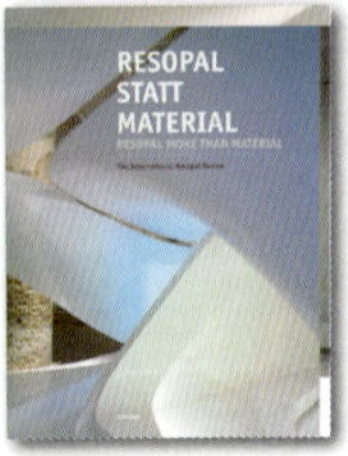

RESOPAL STATT MATERIAL
RESOPAL MORE THAN MATERIAL
The International Resopal Review
Redaktion Editing: Gerd Ohlhauser (Hg. Ed.)
deutsch english
Softcover
224 Seiten pages, durchgehend farbig bebildert all illustrations in colour
Darmstadt 2008

Information on subscription and ordering at www.surface-book.de and from gerd@ohlhauser.de

DANKSAGUNG. Surface Book und der Fotograf bedanken sich bei den Autoren und allen, die zur Realisierung des Buches beigetragen haben, indem sie Material zur Verfügung stellten, sich fotografieren ließen oder bei Recherche und Organisation geholfen haben: Siegfried Aßmann, Michaela Auth, Uwe Auth, Rainer Balzer, Klaus-Werner Baumann, Sabine von Bebenburg, Frank Beiler, Georg Bel, Günter Bender, Moritz Bender, Ralf Bender, Wolfgang Berg, Michael Bickel, Sebastian Bochs, Christian Bosse, Peter Breitmeier, Uwe Breitmeier, Andreas Dilling, Florian Eisner, Tobias Feith, Alexander Frank, Viktor Frank, Vladimir Gribanov, Hans-Günter Gunkel, René Gunkel, Rainer Hämmer, Nikolaus Heiss, Stephan Heldmann, Matthias Hempel, Harald Hillmann, Stephan Hoffmann, Karl-Heinz Holub, Klaus Honold, Gerhard Klatt, Tom Kollmar, Matthias Kopitzki, Volker Jenderny, Gottfried Krüger-Wittmack, Jürgen Kuhlemann, Rudolf Langeloth, Bernd Lauer, Kristof Lemp, Gordon Linkhoff, Wolfgang Löckel, Andreas Mampel, Helmut Möller, Andreas Morgenstern, Martin Müller, Inga Naumann, Silas Naumann, Karl-Heinz Pfleger, Werner Pielhauer, Hajo Riemann, Reinhard Schall, Peter Schirmbeck, Sebastian Schübler, Horst Schleißmann, Armin Schmidt, Simon Schmitt, Roland Schneeg, Marco Schumann, Steffen Seitz, Rene Storck, Gerald Toran, Gerhard Vocke, Hans-Werner Wacker, Ruth Wagner, Dieter Wahl, Daniel Wengert, Kai Uwe Werner, Andrea Will, Jürgen Will, Kathrin Will, Volker Wulff, Christian Zährl, Michael Ziemek.